Guida alla Coltivazione delle Dalie

Impara cosa fare bene per coltivare incantevoli Dalie

A. Duller

Lisa Shardon

Guida alla Coltivazione delle Dalie

Introduzione

La dalia è una pianta perenne tuberosa molto amata per i suoi colori vivaci e le sue forme spettacolari, che arricchiscono giardini, aiuole e bordure. Originaria del Messico e delle regioni montuose dell'America Centrale, la dalia ha conquistato il mondo grazie alla sua versatilità e alla facilità con cui può essere coltivata. Grazie alle sue varietà, che spaziano in una gamma incredibile di forme e colori, la dalia è diventata una pianta simbolo di bellezza e di diversità botanica. Infatti, questa pianta è capace di produrre fiori di dimensioni piccolissime, come nel caso delle varietà a fiore di pompon, fino ai fiori giganti e spettacolari che raggiungono anche i 30 cm di diametro.

Le dalie, come molte altre piante ornamentali, hanno una lunga storia di coltivazione e ibridazione. Nei secoli, i coltivatori hanno selezionato migliaia di varietà, rendendo questa pianta una delle più diverse in termini di colori, forme e dimensioni. Nel mondo del giardinaggio, le dalie sono amate non solo per la loro bellezza, ma anche per la loro capacità di adattarsi a diverse condizioni di crescita e per la lunga durata dei fiori. Con una corretta cura e una coltivazione attenta, la dalia può fiorire per tutta l'estate e parte dell'autunno, arricchendo lo spazio esterno con un tripudio di colori.

Capitolo 1: Storia e Origini della Dalia

La storia della dalia è affascinante e intrecciata con le tradizioni culturali delle civiltà antiche, in particolare quelle del Messico, dove questa pianta cresce spontaneamente in diverse specie selvatiche. È proprio da queste varietà selvatiche che sono derivate le migliaia di cultivar moderne che oggi conosciamo. Le dalie sono state introdotte in Europa alla fine del XVIII secolo e hanno rapidamente guadagnato popolarità, diventando un punto fermo nei giardini e nelle collezioni botaniche di tutto il continente.

1.1 Varietà di Dalia

La dalia comprende un numero enorme di varietà, tanto che oggi si stima che ne esistano oltre 40.000 tipi diversi. Queste varietà sono suddivise in base alla forma, alle dimensioni e al colore dei fiori, oltre che al tipo di pianta stessa. Le principali categorie di dalie includono:

- **Dalie a fiore singolo**: Presentano un solo strato di petali attorno a un centro visibile, solitamente di colore giallo o arancione.

- **Dalie anemone**: Hanno un centro tubuloso, quasi spugnoso, circondato da un anello di petali piatti.

- **Dalie a pompon**: Queste dalie hanno fiori rotondi e compatti, con petali arricciati che formano una sfera.

- **Dalie decorative**: Fiori grandi e vistosi, con petali sovrapposti e leggermente arricciati.

- **Dalie cactus e semi-cactus**: Caratterizzate da petali lunghi e appuntiti che conferiscono un aspetto spigoloso.

- **Dalie a collare**: Presentano un anello interno di petali più piccoli che crea un "collare" attorno al centro del fiore.

Ogni varietà offre un'esperienza visiva unica, dal colore delicato dei fiori a fiore singolo fino ai colori sgargianti delle varietà decorative o a pompon.

1.2 Caratteristiche Botaniche

Le dalie appartengono alla famiglia delle Asteraceae, la stessa del girasole, del crisantemo e della margherita. Sono piante tuberose perenni, caratterizzate da radici tuberose che immagazzinano nutrienti, consentendo loro di sopravvivere durante i periodi di riposo. Questa caratteristica rende la dalia relativamente facile da coltivare: una volta che i tuberi sono piantati in un terreno adatto, la pianta può prosperare con cure moderate.

- **Fusto**: La dalia ha fusti eretti e robusti che variano in altezza a seconda della varietà, da 30 cm fino a oltre 1,5 metri nelle varietà più grandi.

- **Foglie**: Sono generalmente di colore verde intenso, con una forma ovale e leggermente dentellata, disposte in modo alternato lungo il fusto.

- **Fiori**: I fiori della dalia sono composti,

costituiti da una moltitudine di petali che circondano un disco centrale. Le infiorescenze possono variare enormemente in dimensioni e colore, spaziando dal bianco, al rosa, al rosso, al giallo e persino al viola e al blu.

Grazie alla sua struttura tuberosa, la dalia è in grado di sopravvivere a periodi di siccità e di freddo moderato, anche se in climi freddi è consigliabile estrarre i tuberi dal terreno e conservarli al riparo durante l'inverno.

1.3 Terreno e Posizione Ideale

Per garantire una fioritura rigogliosa, è fondamentale piantare la dalia in un terreno ben drenato e ricco di sostanza organica. Il terreno ideale per le dalie dovrebbe essere:

- **Ben drenato**: I ristagni d'acqua sono particolarmente dannosi per i tuberi della dalia, che possono facilmente marcire. È importante assicurarsi che il terreno sia sciolto e poroso.

- **Ricco di materia organica**: Le dalie amano i terreni nutrienti, quindi l'aggiunta di compost o letame ben decomposto aiuterà a migliorare la qualità del suolo.

- **Con un pH neutro o leggermente acido**: Le dalie preferiscono un pH tra 6,0 e 7,0.

La posizione ideale per le dalie è un luogo soleggiato, poiché queste piante amano il sole e richiedono almeno 6-8 ore di luce diretta al giorno per fiorire abbondantemente. Tuttavia, nelle regioni molto calde è consigliabile offrire un po' di ombra nelle ore più calde della giornata per evitare che il sole bruci le foglie.

1.4 Preparazione del Terreno

La preparazione del terreno è un passaggio fondamentale per garantire una crescita vigorosa delle dalie. Ecco i passaggi principali per preparare al meglio il suolo:

1. **Scavo e allentamento**: Prima di piantare, è consigliabile scavare il terreno fino a una profondità di almeno 30 cm, rimuovendo eventuali pietre o detriti. Questo processo aiuta a migliorare la struttura del suolo e a favorire il drenaggio.

2. **Aggiunta di compost**: Dopo aver allentato il terreno, aggiungere uno strato di compost o letame ben decomposto. Questo contribuirà a fornire i nutrienti necessari per la crescita della pianta.

3. **Correzione del pH**: Se il terreno è troppo acido o troppo alcalino, è possibile correggerlo aggiungendo calce (per aumentare il pH) o zolfo (per abbassarlo) in base alle necessità.

1.5 Semina e Trapianto

La coltivazione delle dalie può avvenire tramite semina o, più comunemente, tramite la piantagione dei tuberi. Ecco come procedere con entrambi i metodi:

- **Semina**: La semina delle dalie è un processo più lento, ma utile se si vuole coltivare nuove varietà o ibridi. I semi di dalia possono essere piantati in primavera, quando non c'è più rischio di gelate. È consigliabile seminarli in un luogo protetto per garantire una crescita ottimale delle giovani piantine.

- **Piantagione dei tuberi**: Questo è il metodo più comune per coltivare dalie e consente di ottenere fioriture più rapide. I tuberi devono essere piantati in primavera, quando il terreno si è riscaldato e non c'è più rischio di gelate. Per piantare un tubero, scavare una buca di circa 10-15 cm di profondità, posizionare il tubero con la gemma rivolta verso l'alto e coprire con terreno sciolto.

Dopo la piantagione, è importante annaffiare moderatamente e assicurarsi che il terreno rimanga umido senza però essere troppo bagnato. Le giovani piante di dalia richiedono cure regolari per svilupparsi correttamente; un supporto come una canna o un bastone può essere utile per le varietà alte che tendono a piegarsi.

Con questi dettagli, abbiamo delineato le caratteristiche fondamentali della dalia, insieme alle tecniche di base per la preparazione del terreno e la messa a dimora. La cura attenta del suolo e la scelta della varietà più adatta alle condizioni climatiche sono passi essenziali per godere appieno della bellezza di questa pianta spettacolare.

Capitolo 2: Tecniche di Coltivazione della Dalia

La coltivazione delle dalie richiede una serie di cure specifiche, che se eseguite correttamente assicurano fioriture abbondanti e piante sane. Questo capitolo esplora le tecniche di irrigazione, concimazione, potatura, manutenzione e controllo delle malattie e dei parassiti, oltre alla raccolta dei fiori. Ogni fase è fondamentale per ottenere il meglio da queste spettacolari piante, che possono arricchire giardini e aiuole con colori vivaci per tutta la stagione di crescita.

2.1 Tecniche di Irrigazione

L'irrigazione è una parte cruciale della cura delle dalie, poiché queste piante necessitano di un apporto costante e adeguato di acqua per fiorire abbondantemente. Tuttavia, è essenziale evitare l'eccesso d'acqua, che può causare il marciume dei tuberi e la proliferazione di funghi. Le tecniche di irrigazione variano in base al periodo dell'anno, alle condizioni climatiche e alla fase di crescita della pianta.

- **Prima della germinazione**: I tuberi appena piantati devono essere annaffiati leggermente subito dopo la piantagione per favorire l'attivazione della radicazione. È importante non esagerare in questa fase, poiché l'eccesso d'acqua può favorire il marciume. In questo stadio, si raccomanda di mantenere il terreno leggermente umido, ma non bagnato.

- **Durante la fase di crescita**: Una volta che le dalie iniziano a svilupparsi e a produrre foglie e fusti, è essenziale aumentare l'apporto d'acqua. In genere, si consiglia un'irrigazione profonda una o due volte alla settimana, a seconda delle condizioni climatiche. Se il clima è particolarmente caldo e secco, può essere necessario irrigare più spesso. È meglio evitare le annaffiature superficiali e optare invece per un'irrigazione lenta e profonda, che consenta all'acqua di penetrare nel terreno e di raggiungere le radici.

- **Durante la fioritura**: Nella fase di fioritura, le dalie hanno bisogno di una quantità costante d'acqua per sostenere la produzione dei fiori. Anche in questa fase, l'irrigazione deve essere profonda e regolare, evitando di bagnare le foglie, poiché l'umidità sulle foglie può favorire lo sviluppo di malattie fungine.

- **Fine della stagione**: Man mano che le temperature iniziano a calare e la pianta si avvicina alla fine della stagione di crescita, si può ridurre progressivamente l'irrigazione. Questo aiuterà i tuberi a prepararsi per il periodo di dormienza. A questo punto, è consigliabile sospendere l'irrigazione e lasciare che il terreno si asciughi.

Per una buona gestione dell'irrigazione, l'uso di un sistema a goccia può essere particolarmente utile. Questo metodo permette un'apporto d'acqua graduale e riduce al minimo il rischio di malattie fungine legate all'umidità eccessiva sulle foglie.

2.2 Concimazione e Fertilizzazione

Le dalie sono piante con un fabbisogno nutritivo elevato e richiedono una fertilizzazione regolare per garantire una crescita vigorosa e una fioritura abbondante. I principali nutrienti di cui la dalia ha bisogno sono azoto (N), fosforo (P) e potassio (K). Una carenza di uno di questi elementi può compromettere la crescita della pianta e la qualità dei fiori.

- **Fertilizzazione al momento della piantagione**: Quando si piantano i tuberi di dalia, è utile arricchire il terreno con del compost ben decomposto o con un concime a lenta cessione. Questo garantirà che la pianta abbia accesso ai nutrienti necessari fin dalle prime fasi di crescita.

- **Concimazione in fase di crescita**: Durante la fase di crescita attiva, è consigliabile somministrare un fertilizzante bilanciato, possibilmente con una formula 10-10-10 (ovvero contenente azoto, fosforo e potassio in proporzioni uguali) ogni 4-6 settimane. L'azoto favorisce la crescita delle foglie, il fosforo stimola lo sviluppo delle radici e dei fiori, mentre il potassio aiuta a rafforzare la pianta nel suo insieme.

- **Fertilizzazione durante la fioritura**: Una volta che la pianta ha iniziato a produrre boccioli, si può passare a un fertilizzante con un alto contenuto di fosforo e potassio, ad esempio una formula 5-10-10. Questi nutrienti favoriranno lo sviluppo dei fiori e la durata della fioritura. È invece consigliabile ridurre l'apporto di azoto, che in questa fase potrebbe stimolare eccessivamente la crescita fogliare a discapito dei fiori.

È importante evitare l'eccesso di fertilizzanti, in particolare di azoto, che può causare una crescita sproporzionata delle foglie e una fioritura ridotta. In generale, la concimazione delle dalie richiede equilibrio e attenzione alle necessità specifiche della pianta in ogni fase di crescita.

2.3 Potatura e Manutenzione

La potatura e la manutenzione delle dalie sono essenziali per garantire una crescita armoniosa e una fioritura prolungata. La potatura aiuta a stimolare la crescita dei nuovi fiori, mentre la rimozione delle parti secche o malate mantiene la pianta sana.

- **Cimatura**: La cimatura è una pratica utile nelle fasi iniziali di crescita. Quando la pianta ha raggiunto un'altezza di circa 30-40 cm, si può pizzicare la parte superiore dello stelo principale. Questo stimola la ramificazione e favorisce la crescita di steli laterali, aumentando il numero di fiori che la pianta produrrà.

- **Rimozione dei fiori appassiti**: Rimuovere regolarmente i fiori appassiti (deadheading) è essenziale per mantenere la pianta in fiore per tutta la stagione. Questo processo stimola la produzione di nuovi boccioli e previene lo spreco di energia nella produzione dei semi. Per rimuovere un fiore appassito, basta tagliarlo appena sopra una coppia di foglie o un nodo laterale.

- **Supporto delle piante**: Le dalie, in

particolare quelle alte e con fiori grandi, possono necessitare di supporti per evitare che i fusti si spezzino sotto il peso dei fiori. È consigliabile inserire dei tutori o delle canne vicino alla pianta e legarla con del filo morbido.

- **Potatura in autunno**: Alla fine della stagione, quando la pianta smette di fiorire e inizia a seccarsi, si può procedere con la potatura della parte aerea. Se si intende svernare i tuberi, si dovrà tagliare il fusto a circa 10-15 cm dal livello del suolo e procedere con la raccolta dei tuberi.

2.4 Controllo delle Malattie e dei Parassiti

Le dalie, come molte altre piante ornamentali, sono suscettibili ad alcune malattie e all'attacco di parassiti. Il controllo e la prevenzione di queste problematiche sono essenziali per mantenere le piante in salute e garantirne una fioritura abbondante.

- **Malattie fungine**: Tra le malattie più comuni troviamo la peronospora, il mal bianco e la ruggine. Queste malattie si sviluppano soprattutto in condizioni di umidità elevata. Per prevenire questi problemi, è consigliabile evitare di bagnare le foglie durante l'irrigazione e garantire una buona circolazione d'aria attorno alle piante. In caso di infezione, l'applicazione di un fungicida può aiutare a contenere la diffusione.

- **Afidi**: Gli afidi possono attaccare le dalie, nutrendosi della linfa e causando deformazioni nei boccioli e nelle foglie. Per controllare gli afidi, si può utilizzare un sapone insetticida o un olio di neem. Inoltre, l'introduzione di insetti benefici come le coccinelle può contribuire a ridurre la popolazione di afidi.

- **Lumache e chiocciole**: Questi parassiti sono particolarmente dannosi per le giovani piante, poiché si nutrono delle foglie e possono indebolire gravemente la pianta. Per proteggere le dalie dalle lumache, si può utilizzare della cenere di legna o delle barriere di rame attorno alla base della pianta, oppure optare per trappole specifiche.

- **Nematodi**: I nematodi sono parassiti microscopici che possono

danneggiare le radici e i tuberi della dalia, causando rallentamenti nella crescita e una fioritura ridotta. La rotazione delle colture e la solarizzazione del terreno sono strategie utili per prevenire infestazioni di nematodi.

2.5 Raccolta dei Fiori

Le dalie sono molto apprezzate come fiori recisi e possono essere raccolte per arricchire composizioni floreali. La raccolta deve essere effettuata con attenzione per preservare la pianta e per ottenere fiori freschi e duraturi.

- **Quando raccogliere**: È consigliabile raccogliere i fiori di dalia la mattina presto o nel tardo pomeriggio, quando le temperature sono più fresche. Questo aiuta a preservare l'idratazione dei fiori e ne prolunga la durata.

- **Come raccogliere**: Utilizzare cesoie pulite e tagliare il fiore appena sopra un nodo o un punto di diramazione. In questo modo, si stimola la crescita di nuovi fiori e si preserva la salute della pianta.

- **Trattamento post-raccolta**: Dopo la raccolta, è utile rimuovere le foglie in eccesso e immergere immediatamente i fiori in acqua fresca. Per prolungare la durata dei fiori recisi, è consigliabile cambiare l'acqua del vaso ogni due giorni e aggiungere una soluzione conservante per fiori.

La coltivazione delle dalie richiede impegno e attenzione, ma i risultati sono spesso sorprendenti e molto gratificanti. Con una cura attenta, queste piante possono trasformarsi in veri e propri gioielli del giardino, in grado di offrire fioriture spettacolari e di lunga durata.

Capitolo 3: Conservazione dei tuberi invernali

Le dalie, pur essendo piante perenni, sono sensibili al freddo intenso e non sopravvivono a inverni rigidi, soprattutto nei climi dove le temperature scendono regolarmente sotto lo zero. Pertanto, è fondamentale adottare tecniche di conservazione per i tuberi durante l'inverno, in modo da poterli piantare nuovamente la primavera successiva. Questo capitolo approfondisce il processo di conservazione dei tuberi, analizzando le fasi della raccolta, pulizia, asciugatura e stoccaggio invernale.

3.1 Raccolta dei tuberi: Tempistiche e Preparazione

La raccolta dei tuberi di dalia è un'operazione delicata, che deve essere eseguita con attenzione per evitare danni. I tuberi sono particolarmente vulnerabili alle rotture, poiché le loro radici sono succulente e ricche di acqua.

- **Quando raccogliere i tuberi**: È consigliabile raccogliere i tuberi dopo la prima gelata leggera autunnale. La prima gelata uccide generalmente la parte aerea della pianta (fusto e foglie), lasciando i tuberi nel terreno. Dopo questa gelata, i tuberi saranno pronti per essere estratti. Tuttavia, è importante non attendere troppo, poiché le gelate ripetute possono penetrare nel terreno e danneggiare i tuberi.

- **Preparazione alla raccolta**: Prima della raccolta, è utile tagliare il fusto della dalia a circa 10-15 cm sopra il livello del terreno. Questo rende più facile l'estrazione dei tuberi, riducendo il rischio di rompere la struttura della pianta durante lo scavo.

Per estrarre i tuberi, è consigliabile utilizzare una forca da giardino o una pala con i rebbi larghi, cercando di evitare danni ai tuberi stessi. Inizia a scavare intorno alla base della pianta, allontanandoti di circa 30 cm dallo stelo principale per evitare di colpire accidentalmente le radici. Solleva delicatamente l'intera massa di tuberi e scuoti il terreno in eccesso.

3.2 Pulizia dei tuberi

Una volta estratti dal terreno, i tuberi devono essere puliti accuratamente. La pulizia è un passaggio essenziale, poiché il terreno rimasto sui tuberi può trattenere umidità e favorire lo sviluppo di muffe e malattie durante il periodo di conservazione.

- **Rimozione del terreno**: Inizia rimuovendo delicatamente il terreno in eccesso. Puoi farlo scuotendo i tuberi o strofinandoli leggermente con le mani. Evita di usare troppa forza per non danneggiare i tuberi o rompere le radici.

- **Lavaggio dei tuberi**: Una volta rimosso il terreno superficiale, è consigliabile risciacquare i tuberi con acqua pulita per eliminare ogni traccia di sporco residuo. Utilizzare un getto d'acqua moderato, evitando la pressione elevata, che potrebbe ferire i tuberi.

Dopo il lavaggio, lascia i tuberi in un'area ben ventilata per un breve periodo affinché asciughino superficialmente. Non procedere subito alla fase di asciugatura completa, poiché i tuberi devono essere preparati adeguatamente per evitare accumuli di umidità.

3.3 Asciugatura dei tuberi

L'asciugatura è uno dei passaggi più critici nella conservazione dei tuberi delle dalie. I tuberi devono essere asciutti prima di essere riposti per evitare problemi di marciume e di proliferazione di batteri e funghi.

- **Condizioni ideali per l'asciugatura**: I tuberi vanno collocati in un ambiente ben ventilato, lontano dalla luce diretta del sole. La luce intensa può causare un'eccessiva disidratazione dei tuberi, mentre un ambiente umido rallenta l'asciugatura e favorisce la proliferazione di funghi.

- **Tempo di asciugatura**: Il tempo necessario per l'asciugatura può variare a seconda delle condizioni ambientali e delle dimensioni dei tuberi. In genere, servono da pochi giorni a una settimana. Durante questo periodo, è consigliabile girare i tuberi ogni tanto per favorire un'asciugatura uniforme.

Assicurarsi che i tuberi siano completamente asciutti prima di procedere alla conservazione. Un buon test consiste nel verificare se la superficie dei tuberi risulta completamente asciutta e priva di aree molli o umide al tatto.

3.4 Ispezione e Preparazione dei tuberi per lo Stoccaggio

Dopo l'asciugatura, ogni tubero deve essere ispezionato attentamente per assicurarsi che non presenti segni di danni, malattie o marciume. I tuberi che risultano molli, danneggiati o presentano macchie scure potrebbero compromettere la conservazione degli altri tuberi e dovrebbero essere eliminati.

- **Divisione dei tuberi**: Se i tuberi sono di grandi dimensioni, è possibile dividerli prima di conservarli. La divisione consente di moltiplicare le piante e di ottimizzare lo spazio di stoccaggio. Per dividere i tuberi, utilizza un coltello pulito e affilato e taglia il tubero in più sezioni, assicurandoti che ogni sezione contenga almeno una gemma o "occhio", poiché è da qui che germoglieranno le nuove piante.

- **Trattamento antifungino**: Dopo la divisione, è possibile cospargere le superfici di taglio con polvere di zolfo o con un fungicida specifico per piante. Questo trattamento aiuta a prevenire l'insorgere di infezioni fungine durante il periodo di conservazione.

3.5 Metodi di Conservazione dei Tuberi

La conservazione dei tuberi può essere effettuata in vari modi, a seconda delle risorse disponibili e delle condizioni ambientali. La chiave per una corretta conservazione è mantenere i tuberi in un ambiente fresco, asciutto e buio, con un livello di umidità moderato.

- **Conservazione in scatole o cassette**: Uno dei metodi più diffusi è quello di conservare i tuberi in scatole di cartone, cassette di legno o contenitori perforati per permettere la circolazione dell'aria. Sul fondo della scatola, posiziona uno strato di materiale isolante come segatura, torba o sabbia asciutta, quindi sistema i tuberi in uno strato singolo e coprili con altro materiale isolante. Questo strato aiuta a mantenere i tuberi asciutti e a proteggere dalle fluttuazioni di temperatura.

- **Buste di carta**: I tuberi più piccoli possono essere conservati in singole buste di carta, che favoriscono la traspirazione e riducono l'accumulo di umidità. Inserisci un solo tubero per busta e riponile in un contenitore chiuso o in un luogo fresco e asciutto.

- **Sacchi di juta**: I sacchi di juta sono un'altra soluzione pratica, soprattutto se devi conservare una grande quantità di tuberi. La juta è traspirante e impedisce la formazione di muffa. Colloca i sacchi di juta in un luogo buio e fresco, evitando di sovraccaricarli.

- **Rete a maglia fine**: Se l'umidità dell'ambiente è particolarmente alta, la conservazione in una rete a maglia fine appesa in una zona ventilata può essere una buona opzione. Questo metodo assicura una traspirazione ottimale e permette all'aria di circolare intorno ai tuberi.

3.6 Condizioni Ideali per la Conservazione

Le condizioni ambientali sono fondamentali per la buona conservazione dei tuberi. Per evitare il deterioramento e per mantenere i tuberi in buona salute, è importante prestare attenzione a tre fattori principali: temperatura, umidità e luce.

- **Temperatura**: La temperatura ideale per la conservazione dei tuberi di dalia è tra 4°C e 10°C. Temperature troppo alte possono stimolare la germinazione prematura, mentre temperature troppo basse rischiano di causare danni da gelo. Se possibile, riponi i tuberi in una cantina fresca o in un seminterrato non riscaldato.

- **Umidità**: Un'umidità relativa del 70-80% è ottimale. Se l'ambiente è troppo secco, i tuberi potrebbero disidratarsi; se è troppo umido, aumenta il rischio di marciume. Per monitorare l'umidità, puoi utilizzare un igrometro e, se necessario, inserire un deumidificatore per mantenere l'umidità nei parametri ideali.

- **Luce**: È fondamentale conservare i tuberi al buio o in condizioni di luce ridotta, poiché la luce può stimolare una germinazione precoce.

3.7 Controllo Periodico dei Tuberi Durante l'Inverno

Durante il periodo di conservazione, è importante controllare periodicamente che non si congelino.

Capitolo 4: Idee per l'uso della Dalia in giardino

Le dalie sono piante estremamente versatili, ideali per arricchire il giardino con una gamma infinita di colori, forme e dimensioni. Questo capitolo esplora come integrare le dalie in giardino per creare combinazioni estetiche e scenografiche, offre consigli su design, abbinamenti cromatici e utilizzi decorativi, e si conclude con una selezione di risorse per approfondire ulteriormente la conoscenza di queste meravigliose piante.

4.1 Importanza delle Dalie nel Giardino

Le dalie sono una scelta popolare per i giardini grazie alla loro vivacità e alla lunga durata della fioritura. Dall'estate all'autunno, regalano colori intensi che si prestano a molteplici utilizzi e composizioni. Grazie alla varietà di dimensioni, dalle piccole piante nane alle grandi varietà giganti, possono adattarsi facilmente a diverse tipologie di spazi e configurazioni, dai giardini formali ai piccoli angoli fioriti in stile cottage.

- **Impatto visivo**: Le dalie offrono un impatto visivo significativo grazie alla varietà di colori e forme dei loro fiori, che spaziano dai colori pastello alle tonalità più accese e vivaci. Possono servire come piante da protagoniste in aiuole, oppure essere integrate in bordure miste, dando vita a combinazioni scenografiche.

- **Durata della fioritura**: Le dalie fioriscono per un lungo periodo, spesso dall'inizio dell'estate fino al primo gelo. Questo le rende ideali per mantenere vivace il giardino per tutta la stagione e rappresentano un ottimo riempitivo durante l'autunno, quando altre fioriture sono ormai terminate.

4.2 Idee di Design con le Dalie

Per sfruttare al meglio la bellezza delle dalie, è importante considerare il design generale del giardino, tenendo conto di dimensioni, colori e stili che si armonizzino con l'ambiente circostante.

Bordure Miste e Aiuole di Dalie

Le dalie sono perfette per creare bordure miste, offrendo contrasto di colori e consistenza visiva. Le varietà di dimensioni più basse possono essere piantate nella parte anteriore delle aiuole, mentre quelle più alte fungono da punto focale o da sfondo.

- **Bordure miste**: Una bordura mista con dalie può includere una selezione di piante erbacee perenni, annuali e arbusti a fiore. Ad esempio, si possono piantare dalie di colore vivace come il rosso e l'arancione insieme a piante da fogliame verde scuro o bluastro, come la salvia e l'astro. Questa combinazione permette di bilanciare i colori intensi delle dalie con sfumature più neutre.

- **Aiuole monocromatiche**: Se preferisci un design più semplice, un'aiuola monocromatica di dalie può avere un impatto elegante e sofisticato. Ad esempio, le dalie bianche o color crema possono essere abbinate a piante a foglia argentea, come l'elicriso o la cineraria, per creare un effetto raffinato e rilassante.

Giardini Cottage e Rurali

Nei giardini in stile cottage o rurale, le dalie si integrano facilmente per il loro aspetto lussureggiante e naturale. Questi giardini enfatizzano la spontaneità, e le dalie contribuiscono con la loro varietà di forme e colori.

- **Combinazioni con fiori da prato**: Nei giardini cottage, è possibile combinare le dalie con fiori da prato e piante perenni come cosmee, rudbeckie e margherite. Questi fiori danno vita a un'atmosfera informale e allegra, che si abbina perfettamente alle dalie dai colori vivaci.

- **Effetto naturale**: Le dalie a fiore singolo o le varietà di dimensioni ridotte si prestano particolarmente bene a questo stile. Mescolare varietà di colori simili in gruppi casuali crea un effetto naturale, quasi come se le dalie crescessero spontaneamente.

Giardini Formali e Geometrici

Le dalie sono adatte anche a giardini dal design più strutturato e formale. Grazie alla loro varietà di altezze, possono essere utilizzate per creare linee e forme precise, aggiungendo ordine ed eleganza.

- **Aiuole simmetriche**: Nei giardini formali, le dalie possono essere disposte in aiuole simmetriche e ordinate, creando un effetto maestoso e imponente. Piantando dalie della stessa varietà in file parallele si ottiene un design elegante e disciplinato.

- **Combinazione con siepi**: Le dalie alte possono essere utilizzate insieme a siepi basse di bosso o ligustro per creare bordi ben definiti. Questo contrasto mette in risalto i colori vivaci delle dalie, aggiungendo dinamismo e profondità.

4.3 Abbinamenti Cromatici per le Dalie in Giardino

Scegliere i colori giusti per le dalie è essenziale per ottenere un giardino armonioso e ben bilanciato. Esistono vari modi di combinare i colori delle dalie per ottenere effetti diversi, dai contrasti vibranti alle armonie delicate.

Combinazioni di Colori a Contrasto

Per un effetto visivo d'impatto, le combinazioni di colori contrastanti sono ideali. Ad esempio, le dalie rosse e gialle creano un contrasto caldo e vivace, perfetto per aiuole estive. Anche le dalie viola abbinate a varietà bianche o gialle generano un contrasto interessante che cattura l'attenzione.

- **Contrasto caldo**: Le dalie arancioni abbinate a fiori blu, come le lobelie o le salvie, creano un effetto visivo forte e armonioso. Questa combinazione di colori caldi e freddi attira lo sguardo e dona al giardino un tocco vivace.

- **Contrasto bianco e viola**: Le dalie bianche e viola possono essere combinate con piante dai fiori argentati, come la cineraria. Questa combinazione, oltre ad essere elegante, risulta anche fresca e raffinata.

Armonie di Colori Tono su Tono

Un'altra opzione è creare armonie tono su tono, scegliendo dalie di colori simili ma con sfumature diverse. Ad esempio, le dalie rosa possono essere abbinate a varietà rosse e fucsia, creando un effetto visivo armonioso e piacevole.

- **Sfumature pastello**: Per un effetto delicato, le dalie nelle sfumature pastello, come rosa chiaro, lilla e crema, possono essere piantate insieme. Questa combinazione è ideale per giardini romantici e rilassanti.

- **Toni caldi**: Le dalie arancioni e gialle, piantate insieme, creano una combinazione calda e solare. Questo abbinamento è particolarmente efficace nelle aiuole estive, dove il colore intenso delle dalie riflette la luce solare, dando al giardino un aspetto radioso.

4.4 Altri Utilizzi Decorativi delle Dalie in Giardino

Oltre a essere utilizzate nelle aiuole e nelle bordure, le dalie possono essere impiegate in vari modi per creare effetti decorativi unici in giardino.

- **Vasi e contenitori**: Le dalie nane o compatte sono perfette per la coltivazione in vasi e contenitori. Puoi posizionarle sui gradini, lungo i percorsi o vicino a un ingresso per creare un punto focale colorato.

- **Pergole e archi**: Alcune varietà di dalie più alte e resistenti possono essere piantate vicino a pergole e archi, creando una cascata di colori durante la stagione di fioritura.

- **Giardino verticale**: Nei giardini con spazi limitati, le dalie compatte possono essere coltivate in giardini verticali, su pareti o strutture sospese, per aggiungere colore e profondità senza occupare troppo spazio a terra.

4.5 Considerazioni Finali

Le dalie sono piante versatili e affascinanti che offrono molteplici possibilità decorative e possono adattarsi a stili diversi. La chiave per una buona gestione delle dalie in giardino è scegliere varietà che si adattino al contesto e alle condizioni climatiche specifiche, fornendo una cura costante.

- **Sperimentazione**: Non aver paura di sperimentare con varietà e colori diversi. Grazie alla loro varietà, le dalie permettono di creare giardini unici e personalizzati.

- **

Rotazione e riposo**: Dopo ogni stagione, è consigliabile ruotare le posizioni delle dalie per evitare l'esaurimento del terreno e per ridurre il rischio di parassiti e malattie. Questa rotazione favorisce una crescita sana e abbondante.

Risorse e Ulteriori Letture

Per chi desidera approfondire le conoscenze sulle dalie e sulle tecniche di giardinaggio, sono disponibili numerose risorse.

- **Libri di giardinaggio**: Molti libri offrono informazioni dettagliate sulla coltivazione delle dalie, con suggerimenti pratici e ispirazioni per la progettazione del giardino.

  - *The Gardener's Guide to Growing

Dahlias* di Gareth Rowlands

- *Dahlia: A Celebration of the Queen of the Garden* di Naomi Slade

- **Blog e siti web**: Alcuni blog e siti web sono specializzati nella coltivazione delle dalie, fornendo guide pratiche, foto di ispirazione e consigli stagionali.

- GardenersWorld.com offre articoli stagionali per la cura delle dalie

- RHS (Royal Horticultural Society) fornisce schede informative sulle specie più popolari

- **Associazioni di appassionati di dalie**: Unirsi a un'associazione di appassionati può essere un ottimo modo per scambiare informazioni, acquistare nuove varietà e condividere esperienze.

Glossario

A

- **Aiuola**: Area di terreno delimitata e destinata alla coltivazione di fiori o piante ornamentali. Le dalie sono comunemente coltivate in aiuole per creare effetti scenografici, grazie alla loro varietà di colori e forme.

- **Amazzone**: Termine usato per descrivere alcune varietà di dalie con fiori grandi e vistosi. Le "Dalie Amazzoni" sono spesso ibridi con petali ricurvi e aspetto lussureggiante.

- **Annualità**: Le dalie sono tecnicamente piante perenni, ma nei climi freddi vengono spesso trattate come annuali. Il termine indica il ciclo di vita di una pianta che germina, fiorisce e muore nell'arco di un anno.

- **Apice**: La punta o la parte superiore di una pianta o di un fiore. Nel caso delle dalie, l'apice può essere eliminato (pinching) per incoraggiare una crescita laterale più fitta e cespugliosa.

- **Arbustiva**: Le dalie non sono arbusti, ma alcune varietà raggiungono altezze simili a quelle delle piante arbustive, superando spesso 1,5 metri.

B

- **Bocciolo**: Stadio iniziale del fiore, quando è ancora chiuso e in via di sviluppo. Le dalie producono numerosi boccioli lungo tutta la stagione di crescita.

- **Bordo**: Nelle aiuole, i bordi sono le zone vicine al perimetro dell'area coltivata. Le dalie di taglia più bassa sono ideali per il bordo, dove non coprono altre piante e rendono visibili i fiori.

- **Bulbo**: Sebbene comunemente si parli di "bulbi di dalia", la parte sotterranea della pianta è tecnicamente un tubero e non un bulbo. I bulbi immagazzinano cibo per la pianta e si differenziano dai tuberi per struttura e funzione.

C

- **Capolino**: Il capolino è il fiore composto, tipico della famiglia delle Asteracee, di cui fa parte la dalia. Consiste in un disco centrale, circondato da petali esterni.

- **Carotene**: Pigmento naturale presente nei petali di alcune dalie, responsabile delle tonalità arancioni e rosse. La concentrazione di carotene può variare a seconda della varietà e dell'esposizione solare.

- **Cima**: Termine usato in giardinaggio per indicare la parte superiore di una pianta o di uno stelo. La cimatura delle dalie è una pratica comune per stimolare una crescita più cespugliosa e compatta.

- **Concimazione**: La fornitura di nutrienti al terreno per sostenere la crescita delle dalie. È essenziale una concimazione equilibrata con azoto, fosforo e potassio.

- **Cormo**: Anche se le dalie non crescono da cormi (strutture simili a bulbi), è un termine spesso confuso con il tubero, da cui le dalie crescono effettivamente. I cormi sono presenti in piante come i gladioli.

- **Cormofita**: Una pianta dotata di cormo, foglie e radici ben definite. Le dalie sono piante cormofite, con organi vegetativi ben sviluppati.

D

- **Dalia**: Genere di piante appartenente alla famiglia delle Asteracee, originarie dell'America centrale e del Messico, note per i loro fiori spettacolari e la varietà di forme e colori.

- **Divisione dei tuberi**: Pratica di suddivisione dei tuberi di dalia in più parti, ognuna contenente almeno una gemma. La divisione favorisce la propagazione e permette di ottenere più piante da un singolo tubero.

E

- **Esposizione solare**: Indica la quantità di luce solare che una pianta riceve. Le dalie necessitano di un'esposizione solare diretta per almeno 6-8 ore al giorno per garantire una fioritura abbondante.

- **Estirpazione**: Rimozione delle dalie dal terreno al termine della stagione di crescita. Nei climi freddi, i tuberi vengono estirpati prima delle gelate e conservati al riparo.

- **Etilene**: Ormone vegetale che influenza la maturazione dei fiori e la loro durata. Una presenza eccessiva di etilene può accelerare l'invecchiamento dei fiori di dalia.

F

- **Fertilizzante**: Sostanza nutritiva applicata al suolo per migliorare la crescita della pianta. Per le dalie, un fertilizzante bilanciato favorisce una crescita rigogliosa e una fioritura prolungata.

- **Foglia composta**: Foglia formata da più foglioline, tipica della dalia. La disposizione delle foglioline varia a seconda della specie e della varietà.

- **Fototropismo**: Movimento di crescita delle piante in risposta alla luce. Le dalie mostrano fototropismo positivo, orientando i loro fiori verso la luce per ottimizzare la fotosintesi.

G

- **Gemma**: Parte della pianta che contiene le cellule per la crescita di nuovi steli, fiori o radici. I tuberi delle dalie devono avere almeno una gemma per poter generare una nuova pianta.

- **Geotropismo**: Movimento delle piante in risposta alla gravità. I tuberi delle dalie, ad esempio, crescono verso il basso, seguendo il geotropismo positivo delle radici.

- **Germinazione**: Processo di crescita iniziale delle piante da seme. Le dalie possono essere propagate anche da seme, anche se il metodo più comune è attraverso i tuberi.

H

- **Habitus**: Il portamento generale della pianta. Le dalie possono avere habitus cespuglioso, con steli dritti e una struttura compatta.

I

- **Impollinazione**: Trasferimento del polline da una pianta all'altra, necessario per la produzione di semi. Nelle dalie, l'impollinazione è solitamente effettuata da insetti impollinatori come api e farfalle.

- **Innesto**: Tecnica di propagazione vegetativa che consiste nell'unire una parte di una pianta a un'altra. L'innesto è raro nelle dalie, che vengono per lo più propagate per divisione del tubero.

L

- **Lanceolato**: Forma delle foglie simile a una lancia. Le foglie di molte varietà di dalia hanno una forma lanceolata.

M

- **Marciume**: Malattia fungina causata dall'eccesso di umidità nel terreno, che provoca la decomposizione dei tuberi. È una delle principali minacce per i tuberi di dalia durante il periodo di conservazione.

N

- **Nanismo**: Ridotta altezza della pianta. Alcune varietà di dalie nane sono appositamente selezionate per la coltivazione in vaso o in spazi ridotti.

O

- **Oculo**: La gemma principale nel tubero di dalia da cui si svilupperà il nuovo fusto. Un oculo sano è essenziale per la germinazione e la crescita.

P

- **Perianzio**: L'insieme dei petali e dei sepali che circondano il fiore. Nelle dalie, il perianzio è ben sviluppato e contribuisce all'aspetto ornamentale del fiore.

- **Pinching**: Tecnica di potatura che consiste nel rimuovere l'apice di uno stelo per promuovere la ramificazione e una crescita più densa. Molto utilizzata nelle dalie per ottenere cespugli più compatti.

- **Portamento**: La forma e l'aspetto della pianta, che nelle dalie varia da cespuglioso a eretto.

R

- **Radice tuberosa**: Tipo di radice modificata, tipica delle dalie, che funge da organo di riserva e permette alla pianta di sopravvivere ai periodi di siccità o di freddo.

- **Rizoma**: Organo sotterraneo che alcune piante usano per la propagazione vegetativa. Sebbene le dalie non siano rizomatose, questo termine è spesso confuso con il tubero.

S

- **Sesto d'impianto**: La distanza consigliata tra le piante. Per le dalie, il sesto d'impianto è solitamente di 30-50 cm, in base alla varietà e alle dimensioni della pianta.

- **Sepalo**: Parte del fiore che forma il

calice, proteggendo i petali durante la fase di bocciolo. Nelle dalie, i sepali

sono relativamente piccoli e verdi.

T

- **Talea**: Pezzetto di pianta utilizzato per la propagazione. Anche se le dalie sono per lo più propagate tramite tuberi, è possibile propagare alcune varietà per talea.

- **Tubero**: Struttura sotterranea che immagazzina nutrienti e permette la sopravvivenza della pianta. Le dalie crescono da tuberi, che possono essere divisi per moltiplicare le piante.

V

- **Varietà**: Gruppo di piante con

caratteristiche simili, come colore, forma e dimensione. Esistono migliaia di varietà di dalie, ognuna con particolarità uniche.

- **Vivace**: Termine per indicare una pianta che vive per più anni. Sebbene siano perenni, le dalie nei climi freddi devono essere ripiantate ogni anno o conservate indoor.

Indice

Introduzione pg.4

Capitolo 1: Storia e Origini della Dalia pg.6

Capitolo 2: Tecniche di Coltivazione della Dalia pg.15

Capitolo 3: Conservazione dei tuberi invernali pg.26

Capitolo 4: Idee per l'uso della Dalia in giardino pg.36

Glossario pg.47